BEI GRIN MACHT SICH IHR WISSEN BEZAHLT

- Wir veröffentlichen Ihre Hausarbeit,
  Bachelor- und Masterarbeit

- Ihr eigenes eBook und Buch -
  weltweit in allen wichtigen Shops

- Verdienen Sie an jedem Verkauf

Jetzt bei www.GRIN.com hochladen und kostenlos publizieren

Julian Vehlies, Tim Holler, Karina Stricks

Die Auswirkungen von Traubenzucker auf die sportliche Ausdauerleistung

GRIN Verlag

Bibliografische Information der Deutschen Nationalbibliothek:

Die Deutsche Bibliothek verzeichnet diese Publikation in der Deutschen National-bibliografie; detaillierte bibliografische Daten sind im Internet über http://dnb.d-nb.de/ abrufbar.

Dieses Werk sowie alle darin enthaltenen einzelnen Beiträge und Abbildungen sind urheberrechtlich geschützt. Jede Verwertung, die nicht ausdrücklich vom Urheberrechtsschutz zugelassen ist, bedarf der vorherigen Zustimmung des Verlages. Das gilt insbesondere für Vervielfältigungen, Bearbeitungen, Übersetzungen, Mikroverfilmungen, Auswertungen durch Datenbanken und für die Einspeicherung und Verarbeitung in elektronische Systeme. Alle Rechte, auch die des auszugsweisen Nachdrucks, der fotomechanischen Wiedergabe (einschließlich Mikrokopie) sowie der Auswertung durch Datenbanken oder ähnliche Einrichtungen, vorbehalten.

Impressum:

Copyright © 2012 GRIN Verlag GmbH
Druck und Bindung: Books on Demand GmbH, Norderstedt Germany
ISBN: 978-3-656-45700-8

Dieses Buch bei GRIN:

http://www.grin.com/de/e-book/207402/die-auswirkungen-von-traubenzucker-auf-die-sportliche-ausdauerleistung

GRIN - Your knowledge has value

Der GRIN Verlag publiziert seit 1998 wissenschaftliche Arbeiten von Studenten, Hochschullehrern und anderen Akademikern als eBook und gedrucktes Buch. Die Verlagswebsite www.grin.com ist die ideale Plattform zur Veröffentlichung von Hausarbeiten, Abschlussarbeiten, wissenschaftlichen Aufsätzen, Dissertationen und Fachbüchern.

Besuchen Sie uns im Internet:

http://www.grin.com/

http://www.facebook.com/grincom

http://www.twitter.com/grin_com

Seminarfach

- Fachbereich: Sport & Biologie -

- Leistung und Gesundheit -

Projekt:

Die Auswirkung von Traubenzucker auf die sportliche Ausdauerleistung

<u>Projektleiter:</u>

Tim Holler

Julian Vehlies

Karina Stricks

September 2011 - März 2012

Elsa-Brändström-Schule Hannover

Inhaltsverzeichnis

1. Vorwort

Traubenzucker => Energie und Energie => Leistungssteigerung. Diese einfachen Gleichungen klingen doch schon einmal vielversprechend. Um bei Wettkämpfen optimal vorbereitet zu sein, reicht es dem einen oder anderen nicht mehr aus, sportlich und fit zu sein. Man möchte ja schließlich nicht nur eine gute, sondern die beste Leistung zeigen, und da kommt Traubenzucker doch ganz gelegen: „Dextro Energy ist der schnelle Energiespender für Zwischendurch und unterwegs. Dextrose geht direkt ins Blut und gibt sofort neue Energie für mehr Konzentration und Leistungsfähigkeit. Ideal bei der Arbeit, in der Schule und beim Sport."[1] So zumindest lautet die Versprechung des Herstellers. Aber kann man sich darauf verlassen? Wirkt sich Traubenzucker tatsächlich durchweg positiv auf unsere Leistungsfähigkeit aus? Wie wirkt Traubenzucker in unserem Körper überhaupt? Und die vielleicht wichtigste Frage: Wann sollte man am besten wie viel Traubenzucker zu sich nehmen, um eine punktgenaue Leistungssteigerung im Sport zu erzielen?

Im Rahmen des Seminarfachs mit dem Fachbereich Sport/Biologie sollte im 12. Schuljahr eine Projektarbeit durchgeführt werden, die sich mit dem Oberthema „Leistung und Gesundheit" befasst. Nach einer genaueren Definition und Klärung der Anforderungen im Rahmen des Unterrichts, war es uns freigestellt, eine passende Untersuchung zu diesem Thema zu wählen. Die obigen und weitere Fragen sind letztendlich ausschlaggebend dafür gewesen, dass wir uns mit dem Thema „Traubenzucker und dessen Auswirkungen auf die sportliche Ausdauerleistung" befasst haben. Die Arbeit besteht aus einem praktischen und einem schriftlichen Teil und wird in Form eines Projekts über einen Zeitraum von 7 Monaten durchgeführt.

Zunächst haben wir uns in einer Gruppe aus 6 Mitgliedern zusammengefunden, da wir alle eine Testreihe untersuchen wollten, die sich mit der Auswirkung von bestimmten Substanzen auf die Leistung befasst. Später teilten wir die Gruppe jedoch in zwei Untergruppen auf, wobei sich

---

1) Siehe Etikett des entsprechenden Artikels

Gruppe 2 speziell mit den Auswirkungen von Sportgetränken befasst, während unsere Gruppe die Auswirkungen von Traubenzucker untersucht. Ab diesem Zeitpunkt haben wir mit der Projektplanung begonnen.

Im Folgenden haben wir unser Projekt mit allen nennenswerten Merkmalen zur Projektplanung und -durchführung, zu unseren Testreihen und unserem Vorgehen zusammengefasst. Diesen Teil der Projektarbeit führten wir jeweils zu sechst durch, also mit der Getränke-Gruppe gemeinsam. Anschließend folgt eine Vertiefung des thematischen Schwerpunkts aus biologischer und stoffwechselphysiologischer Sicht im Vergleich zur Literatur. Dieser Teil bezieht sich nur auf die Ergebnisse unserer Traubenzucker-Gruppe.

2. Projektplanung und -durchführung

2.1 Definition des Themas

Zunächst haben wir uns Gedanken über eine genauere Definition unseres Themas gemacht. Wie können wir es formulieren, sodass wir unsere Ziele allgemein und zugleich doch bereits konkret erhalten? Ist zu erwarten, dass wir, mit einer bekannten Methode, die wir zur Untersuchung anwenden könnten, sinnvolle Ergebnisse erhalten, die auf unsere Fragestellung Antwort gibt? Nach längeren Überlegungen und Recherchen sind wir zu dem Schluss gekommen, dass wir *die Auswirkung von Traubenzucker auf die sportliche Ausdauerleistung* untersuchen wollen.

2.2 Testmittelsuche und erste Erwartungen

Die Suche nach einem geeigneten Testmittel verlief weniger aufwendig, denn wir konnten uns schnell auf die Marke "Dextro Energy" einigen. Schließlich ist Dextro Energy - zumindest in Deutschland - die wohl bekannteste und damit wahrscheinlich auch meist verwendete Marke in diesem Bereich. Laut Hersteller sorgt Dextro Energy angeblich für eine "schnelle Erhöhung der Leistungsfähigkeit". Deswegen erwarteten wir zu diesem Zeitpunkt ohne Vorkenntnisse aus der Literatur, dies auch feststellen zu können. Allerdings war uns die längere Wirkung noch unklar. Hier vermuteten wir, dass der Traubenzucker nur für eine kurzzeitige Steigerung hilfreich sein könnte, langfristig gesehen dann aber keine Auswirkungen mehr aufweisen wird. (Möglicherweise gegenteilige Wirkung?)

Der Hersteller verspricht auf seiner Internetseite außerdem: „Essen wir Dextrose, ist keine Verdauungsarbeit nötig. Dextrose geht direkt ins Blut und ist damit das „schnellste Kohlenhydrat"! Sie ist identisch mit dem körpereigenen „Blutzucker" und wird über das Blut direkt zu allen Organen und Zellen des Körpers, auch zum Gehirn, transportiert. Dextro Energy ist Dextrose und liefert damit Sofortenergie."

„Ob beim Tennismatch, Bergsteigen, Marathon-Wettkampf, oder beim Radsport - bei hohen körperlichen Anforderungen, wie zum Beispiel im Sport, braucht der Körper viel Energie. Oft entscheiden hier körperliche Leistungsfähigkeit und Konzentration über den Erfolg. Dextro Energy hilft Sportlern, die Dextrose als Energie-Nachschub für Muskeln und für Konzentration brauchen. Damit sichert man sich den entscheidenden Vorsprung."

2.3 Auswahl des Leistungstests

Um die sportliche Ausdauerleistung zu testen, haben wir uns letztendlich für den sog. Shuttlerun ("Pieptest") entschieden. Die Testpersonen müssen dabei immer wieder eine Strecke von 20 Metern zurücklegen. Die zur Verfügung stehende Zeit für eine Strecke wird mittels Tönen ("Piepen") verdeutlicht. Mit zunehmender Dauer verringert sich der zeitliche Abstand zwischen den lauten Pieptönen (die Intensität wird also nach und nach gesteigert), sodass die Testperson ab einem bestimmten Zeitpunkt die Vorgaben nicht mehr erfüllen kann und damit der Test beendet ist. Letztendlich wird die Leistung also durch die geschaffte Durchhaltezeit gemessen. (Veranschaulichung siehe Anlage, Seite 22)
Die Testsubstanzen sollen jeweils zu unterschiedlichen Zeiten vor dem Test eingenommen werden. Um die Wirkung des Traubenzuckes mit der "normalen" Leistung vergleichen zu können, sollten zwei Testdurchläufe

ohne jegliche Einnahme dienen. Nach den umfassenden Überlegungen zur Machbarkeit, zu den Abständen zwischen den Läufen und zu einer möglichst hohen Aussagekraft haben wir uns letztendlich für folgende Test-Einteilungen entschieden:

- Am ersten Termin (am 11.11.) ohne Einnahme der Testmaterialien
- Am 18.11. Einnahme unmittelbar vor dem Test
- Am 25.11. Einnahme 10min. vor dem Test
- Am 02.12. Einnahme 20min. vor dem Test
- und am 16.12. noch einmal ohne Einnahme

Wir erhofften uns daraus Unterschiede in der Leistung feststellen zu können und möglicherweise allgemeine Trends ablesen zu können. Die Altersbegrenzung beim Test ließen wir außer Acht, da wir nicht an einer Aussage zum Leistungsstand interessiert waren, sondern ausschließlich die Veränderungen der Leistung untersuchen wollten.

Natürlich sind wir uns bewusst, dass es einige Einflussfaktoren gibt, die nicht in unserem Einflussbereich liegen, die wir nicht ausschließen oder minimieren können (beispielsweise: Tagesform, Trainingsstand, Motivation, andere Kleidung, andere Ernährung am Testtag und am Vortag, u.ä.). Wir haben uns jedoch Mühe geben, die jeweiligen unterschiedlichen Einflüsse so gut wie möglich zu minimieren, da z.B. immer eine Woche zwischen den Tests lag und wir die Testpersonen gebeten haben, auf ähnliches Essen zu achten.

2.4 Auswahl der Testpersonen

Jetzt standen wir vor dem Problem, möglichst viele freiwillige Testpersonen finden, die freitags zu unserer Unterrichtszeit Zeit und Lust haben, uns zu unterstützen. Denn wir selbst würden zum größten Teil mit der Durchführung des Tests beschäftigt sein (Zeit messen, auf Richtigkeit achten u.ä.), sodass zumindest die Hälfte unserer Projektleiter als Testpersonen ausscheiden. Es musste auch gewährleistet sein, dass unsere Testpersonen über einen längeren Zeitraum bereit waren, uns zu unterstützen, da wir ja mehrere Tests durchführen wollten.

Schließlich ist die Idee aufgekommen, die Klasse zu fragen, die freitags in der 5/6 Stunde Sportunterricht hat. Herr F. konnte in Erfahrung bringen, dass Frau E. zu dieser Zeit eine siebte Klasse unterrichtete. Wir haben daraufhin festgelegt, dass zwei Personen aus unserem Team zuerst einmal mit der Sportlehrerin sprechen, ihr das Projekt vorstellen und um Unterstützung bitten. Glücklicherweise war sie sehr angetan von unserer Idee und sicherte uns nach einer Ausfeilung unserer Planung ihre Unterstützung zu. (Siehe Anlage, Seite 17)

Kurz darauf begannen wir, einen Elternbrief für die Schüler und Schülerinnen der 7. Klasse zu entwerfen, weil wir für die Teilnahme der Schüler als Absicherung die Erlaubnis der Eltern oder Erziehungsberechtigten benötigten. Es hätte der Fall eintreten können, dass ein Schüler eine Allergie gegen eine der Testsubstanzen besitzt oder die Erziehungsberechtigten aus anderweitigen Gründen mit einer Teilnahme nicht einverstanden sind. (Elternbrief siehe Anlage, Seiten 18-19)

Um mögliche Gründe für den sportlichen Leistungsstand der einzelnen Testpersonen zu erhalten, haben wir zudem einen Fragebogen entworfen, den alle Testpersonen ausfüllen sollten. (Siehe Anhang, Seite 20)

Anschließend haben wir zusammen unser Projekt der Klasse 7f vorgestellt und um ihre Mithilfe gebeten. Die Schüler waren bereits begeistert, bevor sie wussten, was genau von ihnen verlangt wurde. Darüber freuten wir uns sehr, wir hatten nicht mit so vielen Zusagen gerechnet. Für unser Projekt war das nur von Vorteil, da eine höhere Anzahl an Testpersonen zu mehr Testergebnissen führt und dies bedeutet, dass die allgemeine Aussage am Ende besser möglich ist. Je mehr Ergebnisse, desto geringer ist die Abweichung bei der Berechnung des Durchschnitts, aufgrund evtl. Messfehler. Außerdem kann es passieren, dass einige zwischendurch erkranken. Fr. E. sorgte schließlich dafür, dass am Ende der Stunde jeder Teilnehmer einen Elternbrief mitnimmt und unterschreiben lässt.

2.5 Die Testläufe

2.5.1 Testlauf für uns selbst

Bevor wir mit der eigentlichen Testreihe begonnen haben, hatten wir in einer freien Stunde die Möglichkeit, in der Sporthalle den benötigten Abstand von 20m auszumessen und uns die Linien der Markierung zu merken. An diesen verteilten wir Pylonen als Begrenzung und starteten mit Julian und einem Mitschüler aus dem Kurs einen Testlauf. Hierbei konnten wir bereits einige mögliche Probleme feststellen und Lösungen suchen. (Lautstärke, Aufteilung der Zeitnehmer, Wie messen?, Wann genau ist der Test für eine Person beendet?, wie weit muss man auf oder über der Linie sein? oder worauf muss noch geachtet werden?) Solche und ähnliche Frage haben wir diskutiert und Festlegungen getroffen (z.B. dass man nach zweimaligem Nichterreichen der Linie ausscheidet). Außerdem musste jeder Projektleiter eine Stoppuhr, Stift und Zettel haben, der CD-Player musste jeweils aus der Lehrerumkleide geholt werden und die Pylonen im richtigen Abstand aufgestellt werden. Wir haben uns weitestgehend mit dem Test vertraut gemacht und unsere Vorstellungen der Umsetzungsmöglichkeiten überprüft.

2.5.2 Test 1 - ohne Einnahme

Nachdem alle nötigen Vorbereitungen getroffen wurden, haben wir unseren Testpersonen noch ein Mal das Prinzip des Shuttleruns erklärt und Nachfragen beantwortet. Dann ging es los. Die Leistungen der Testpersonen fielen sehr unterschiedlich aus. Die schwächste Leistung lag bei 2:30min, der beste Läufer erreichte eine Zeit von 10:22min. (Die vollständigen Ergebnisse aller Testtage und -Gruppen befindet sich im Anhang, Seiten 22-23). Wir als Projektleiter haben die Zeiten gestoppt, darauf geachtet, wer die Bedingungen nicht mehr erfüllt und ausscheiden muss, sowie zur Dokumentierung und für die spätere Präsentation des Gesamtprojekts einige Fotos gemacht. Im Allgemeinen waren wir mit der Umsetzung unseres ersten Tests zufrieden, was eine Besprechung im Anschluss ergab.

Aufgetretene Probleme: Jemand lief mit offenen Schnürsenkeln. Es herrschte eine gewisse Verunsicherung, wann man schneller laufen muss oder wie viel schneller, sodass viele immer eine relativ große Pause machen mussten, bis der erneute Piep zu hören war. Einige Freundinnen haben aufgrund von Solidarität gemeinsam aufgehört, obwohl sie anscheinend noch nicht ihre eigene Leistungsgrenze erreicht hatten. Hier haben wir beim nächsten Mal auf eine andere Aufstellung geachtet, oder die Betreffenden in verschiedene Gruppen eingeteilt, denn eine Einteilungsänderung ist bis zur ersten Substanzeinnahme noch möglich.

2.5.2.1 Gruppeneinteilung

Bei der Gruppeneinteilung haben wir auf eine gleiche Anzahl an Leistungsstarken und Leistungsschwachen in jeder Gruppe geachtet und auf eine ausgeglichene Verteilung zwischen den Geschlechtern, damit das Ergebnis letztendlich so repräsentativ wie möglich ist. Außerdem beachteten wir die Erlaubnis für die jeweiligen Materialien durch die Eltern und auch die Ergebnisse der Fragebogen, weil diese Hinweise darüber gaben, wie sich die Testpersonen selber einschätzen und ggf. welche Einschränkungen sie mit in den Test bringen (Beispielsweise die Frage nach Krankheiten wie Asthma). Da wir die Testphase mit der Getränke-Gruppe durchgeführt haben, ergaben sich folgende Gruppen:

Gruppe 1: Dextro Energy: 6 Personen (3 weiblich und 3 männlich)

Gruppe 2: Apfelschorle :   5 Personen (2 w und 3 m)

Gruppe 3: O2-Wasser: 4 Personen (2 w und 2 m)

Gruppe 4: Energy-Getränk: 3 Personen (2 w und 1 m)

2.5.3 Test 2 - unmittelbare Einnahme vor dem Test

Neben der üblichen Vorbereitung für den Test mussten wir an diesem Tag zumindest für die Traubenzucker-Gruppe keine weitere Vorbereitungen treffen, außer den entsprechenden Testpersonen je zwei Dextro-Energy-Tafeln zu geben. Alles wurde an die jeweiligen Testpersonen verteilt und eingenommen. Die Teilnehmer machten einen sehr motivierten Eindruck. Fr. E. hatte uns eine englische Version des Pieptests angeboten, bei dem Level statt der Zeitansage angesagt werden. Wird das nächste Level angesagt, weiß man, dass man nun sein Tempo leicht erhöhen muss. Also haben wir (nach kurzer Diskussion) den Test seitdem auf Englisch durchgeführt.

Beobachtungen/Probleme:

Teilweise hatten die Teilnehmer zu wenig Platz zwischen den Pylonen, hier musste also beim nächsten Mal auf eine bessere Verteilung entsprechend der Anzahl der Läufer in den einzelnen Bereichen geachtet werden. Einige liefen immer bis zu mehreren Schritten über die Linien hinaus, sodass sie viel Kraft verschenkten. Hier entschieden wir, dass jeder Projektleiter seine Gruppe noch einmal darauf hinweist.

Die Entscheidung, wann für wen der Test beendet ist, musste bei uns und nicht bei den Schülern liegen, da ein Schüler von seinen Mitschülern irritiert wurde und aufgehört hat, obwohl dies nicht notwendig gewesen wäre. Bei der Verteilung der Getränke und Dextro Energy war es nicht immer einfach, die richtigen Personen zu finden. Das Problem lösten wir einfach damit, dass sich die jeweiligen Gruppen immer an derselben Stelle einfinden mussten, von wo sie auch starteten.

2.5.4 Test 3 - Einnahme 10min. vor Beginn

Die Gruppen fanden sich bereits von allein an ihren Plätzen ein und alle Testpersonen waren sehr motiviert. Die meisten Ergebnisse wurden im Vergleich zum letzten Mal verbessert. Am Ende wollte die Klasse ihre Ergebnisse von den bisherigen drei Läufen hören, um ihre eigene Leistung im Vergleich zu sehen (Verbesserung/Verschlechterung). Die engagierte Klasse applaudierte bei jedem einzelnen Ergebnis. Außerdem stellten wir eine verbesserte Form der Aufstellung der Pylonen fest, da sich so mehr Platz zum Laufen ergab.

Wir haben nach dem Test noch einmal mit Frau E. gesprochen, um die nächste Woche zu planen und unser Problem (3- bis 4-stündige Klausur, bis mindestens in die 5. Stunde) aufzuklären. Schließlich erklärte sich der Student Lutz dazu bereit, in der nächsten Woche alle Vorbereitungen zu treffen, sodass wir nach der Klausur nur noch laufen bzw. die Zeit stoppen mussten und nicht zu viel Zeit verloren ging.

2.5.5 Test 4 - Einnahme 20min. vor Beginn

Beim vierten Test lief bereits alles reibungslos ab.

2.5.6 letzter Test (ohne Einnahme) + Feedback und Besprechung

Der letzte Test verlief ebenfalls ohne Probleme, dafür sind hier aber viele positive Aspekte zu nennen: Ein (an diesem Tag sehr motivierter) Junge konnte die Bestleistung von sich und der ganzen Klasse laufen, was mit Applaus durch die Klasse unterstützt wurde. Anschließend haben wir die Klasse befragt, wie sie das Projekt empfunden hat und uns für die Unterstützung bedankt. Zum Abschluss haben wir noch ein Gruppenfoto unserer fleißigen Läufer gemacht. (Siehe Anhang, Seite 21)

Äußerungen von Schülern:

- jemand aus der Getränkegruppe: mit Getränk waren sie besser als ohne Einnahme, trotzdem kommt natürlich auch der Effekt des Placebos hinzu, vieles hing von der Motivation ab.

- aus der Traubenzuckergruppe: ohne Flüssigkeit zu trockener Mund, besonders nach 10min und 20min. Einnahme.

- keine Verbesserung bei Traubenzuckereinnahme bemerkt, fühlte sich nicht besser dadurch.

- Die Testreihe hat allen Spaß gemacht.

2.6 Urkunden für alle Teilnehmer

Zum Schluss haben wir uns auch bei der Lehrkraft bedankt und verabredet, dass wir nach den Ferien vorbei kommen und die Ergebnisse der Tests vortragen, bzw. Urkunden überreichen werden.

Die Urkunden wollten wir gerne so offiziell wie möglich gestalten. Deswegen haben wir uns überlegt, ebenfalls den Schulleiter zu fragen, ob er die Urkunden mit unterzeichnen würde. Mit Freude stellen wir fest, dass auch von dieser Seite unser Vorhaben unterstützt wurde. Tim erstellte über die Ferien für jeden Teilnehmer eine eigene Urkunde nach der Mustervorlage mit persönlichem Leistungsprofil und gab sie nach den Ferien weiter an den Schulleiter, die Sportlehrerin Frau E. und unseren Seminarleiter Herrn F. zur Unterschrift. (Eine Musterurkunde befindet sich im Anhang, Seite 24). Im Anschluss erklärte sich der Schulleiter auch bereit, die Urkunden persönlich an die Schüler zu vergeben. Dafür haben wir uns eine große Pause ausgesucht, weil zu dieser Zeit jeder anwesend sein konnte, ohne im Unterricht wichtige Dinge zu verpassen und ohne die Sportstunden von Frau E. mit ihrer Klasse noch weiter in Anspruch zu nehmen. Nach einer kleinen Einleitung zu den Auswertungen des Projekts durch uns und einem Dank des Schulleiters für die freiwillige Mitarbeit an unserem Projekt, wurde den Testpersonen jeweils eine persönliche Urkunde und eine Tüte Gummibärchen zum Dank übergeben.

2.7 Vergleich der Leistungen - Traubenzuckergruppe

Bei der Auswertung der Laufergebnisse fiel uns auf, dass sich bei einigen Daten gleiche Tendenzen erkennen ließen, bei anderen wiederum deuten die Ergebnisse auf stark gegensätzliche Entwicklungen hin. Die Auswertung beanspruchte mehr Zeit als wir geplant hatten, sodass wir die restlichen Vergleiche noch zu Hause beenden mussten. Interessant bei der Auswertung war, dass man bei einigen Personen eine deutliche Verbesserung/Steigerung vom ersten zum letzten Lauf feststellen konnte. Hier vermuteten wir, dass dort der Trainingseffekt eine Rolle spielte. Der Unterschied von einer Person, die außer dem Schulsport keinen Sport betreibt, zu einer Person, die in ihrer Freizeit Sport treibt, war klar zu erkennen. Der Trainingseffekt bei untrainierten Menschen ist deutlicher festzustellen als bei trainierten. Hier konnten wir die Fragebögen zu Hilfe nehmen und Auffälligkeiten (er-)klären.

3. Auswertung der Ergebnisse

Bei dieser Facharbeit wird auf die Auswertung der anderen Laufgruppen, die an unserem Projekt teilgenommen haben, verzichtet. Wir können hier nur auf die Facharbeit der Getränkegruppe verweisen.

3.1 Ergebnisse der Traubenzuckergruppe und erste Vermutungen

Durchschnittswerte - Traubenzuckergruppe

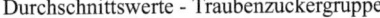
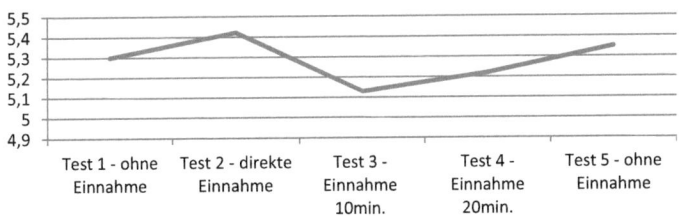

Die durchschnittliche Zeit des ersten Laufes - also ohne Einnahme von Traubenzucker - liegt bei 5:03 Minuten. (Alle Laufwerte und Durchschnitts-werte siehe Tabelle im Anhang, Seite 23)

Bei einer Einnahme direkt vor Beginn des Tests ist eine enorme Steigerung der Durchschnittszeit zu erkennen, bis auf 5:42 Minuten. Dies bleibt innerhalb der Traubenzuckergruppe während allen 5 Versuchsläufen die längste Durchhaltezeit. Dies lässt vor allem vermuten, dass der Traubenzucker bei unmittelbarer Einnahme vor der zu erbringenden Leistung die maximale Wirkung erzielt. Dieser Effekt deckt sich auch mit den Angaben und Versprechungen vieler Hersteller, dass Traubenzucker einen „kurzfristigen Energieschub" verleiht.

Schon bei einer Einnahme zehn Minuten vor Beginn des Tests fällt die Durchschnittszeit um knapp eine halbe Minute auf 5:13 Minuten ab. Daraus lässt sich schlussfolgern, dass der Traubenzucker seine Wirkung nicht mehr entfaltet, sogar teilweise gegenteilig wirkt. (Womit diese gegenteilige Wirkung genau zu erklären ist, war uns zu diesem Zeitpunkt noch nicht bekannt.)

Bei der nächsten Zeit (also bei der Einnahme 20 Minuten vor Beginn des Tests) liegt wieder eine Steigerung auf 5:22 Minuten vor. Dies kann dadurch erklärt werden, dass die Leistungsänderung durch Zuckereinnahme hier schon wieder vorbei ist, sie also nicht lange so lange anhält.

Der letzte Wert, also zur Überprüfung der Ergebnisse ein zweites Mal ohne Einnahme liegt bei 5:35 Minuten, was der zweitlängsten Durchhaltezeit entspricht. Dies ist ein Indiz dafür, dass die leistungshemmende Wirkung des Traubenzuckers bereits erloschen ist und die gesteigerte Leistung im Vergleich zum ersten Wert aus dem Trainingseffekt resultiert.

3.2 Auswertung in Bezug zur Literatur

Der folgende Inhalt ist nicht nur mithilfe der im Anhang zu findenden Quellen eigenständig zusammengefasst worden, sondern resultiert zu Großteilen auch aus eigenen Überlegungen. Um die Wirkung des Produkts Dextro Energy zu verstehen, haben wir uns die Inhaltsstoffe auf dem Etikett angeschaut. Folgende Angaben gibt es: Inhaltsstoffe pro 100g Tafel:

-     Brennwert: 1530 kJ/360 kcal   -   Eiweiß: 0g
-     Kohlenhydrate: 87g   -   Fett: <1g
-     Davon Zucker: 78g   -   Ballaststoffe: 0g
-     Davon Dextrose: 78g   -   Natrium: <0,1g

Anscheinend bestehen die Täfelchen zum größten Teil aus Kohlenhydraten. Davon ist Zucker ein sehr großer Anteil mit 78g pro 100g Tafel. Dieser Zucker liegt dort als Dextrose vor. Also haben wir uns in der folgenden Auswertung auf die Wirkung des Zuckers beschränkt.

3.2.1 Definition / Allgemeines

Kohlenhydrate sind Grundlage des Energiestoffwechsels und werden in Einfachzucker (Monosaccharide), Zweifachzucker (Disaccharide) und Mehrfachzucker (Polysaccharide) unterschieden. Traubenzucker gehört zu den Einfachzuckern und wird außerdem als „Glucose" sowie „Dextrose" bezeichnet. Da das Molekülgerüst aus 6 C-Atomen besteht, gehört es zu den Hexosen mit der Strukturformel $C_6H_{12}O_6$. Die Glucosemoleküle können als Kette angeordnet sein oder bilden eine Ringstruktur aus, indem die Aldehydgruppe (-CHO) am C_1-Atom mit der Hydroxylgruppe (-OH) am C_5-Atom reagiert. Bei diesem Ringschluss spaltet sich Wasser ab und es können zwei unterschiedliche Glucosemoleküle entstehen, je nachdem ob die Hydroxylgruppe am C_1-Atom von der Ringebene aus nach unten (α-Glucose) oder nach oben weist (β-Glucose). Die Funktion dieses chemischen Aufbaus wird unter dem Punkt Engergiegewinnung näher erläutert.

3.2.2 Aufnahme von Glukose

Alle Kohlenhydrate werden als Monosaccharide (Einfachzucker) vom Darm ins Blut aufgenommen. Von dort gelangen sie in die Körperzellen. Monosaccharide werden besonders schnell ins Blut aufgenommen, weil sie schon die einfachste Form sind. Disaccharide, also Zweifachzucker müssen zuerst in Monosaccharide gespalten werden, dadurch erfolgt ihre Aufnahme ins Blut langsamer. Sie bestehen nämlich neben dem Glucosemolekül noch aus einem Galaktose (Schleimzucker) Molekül. Das gleiche gilt natürlich auch für die Mehrfachzucker, also die Polysaccharide.

3.2.3. Wirkung von Glukose

Dass Zweifach- und Mehrfachzucker zuerst in Einfachzucker aufgespalten werden müssen, um dem Energiestoffwechsel zur Verfügung zu stehen, hat den Vorteil, dass diese über einen längeren Zeitraum als Energielieferant zur Verfügung stehen, weil es einige Zeit benötigt, sie in Einfachzucker zu spalten. Glukose hingegen steht sofort für den Energiestoffwechsel zur Verfügung. Allerdings fällt der Blutzuckerspiegel nach der Einnahme größerer Mengen Einfachzuckers nach 15 bis 20 Minuten unter sein Ausgangsniveau, was zu einer unmittelbaren Beeinträchtigung des Energiestoffwechsels führt. Auf diesem Phänomen wird im weiteren Verlauf der Untersuchung genauer eingegangen.

3.2.4 Energiegewinnung

Entweder speichern die Zellen den Traubenzucker in Form von Glykogen, oder sie wandeln diesen in Energie um. Dieser Schritt der Energiegewinnung erfolgt durch aufeinanderfolgende Prozesse der Zellatmung, die folgend kurz angedeutet werden. Wird er hingegen in Glykogen gespeichert, dient dieses der kurz- bis mittelfristigen Speicherung und Bereitstellung von Glukose. Bei einem vermehrten Energiebedarf wird das aufgebaute Glykogen in den Muskelzellen verwendet. Die Energie durch die Aufnahme von Traubenzucker liegt am Ende der vier Vorgänge Glykolyse, oxidative Dexarboxylierung, Citratzyklus und Atmungskette in Form von Adenosintriphosphat (ATP) vor. Durch die Glykolyse, einem Vorgang im Cytoplasma der Zelle, wird der aufgenommene Traubenzucker in mehreren Einzelschritten mithilfe von Enzymen zu zwei Pyruvat- sowie zwei NADH Molekülen und dem gewonnenen ATP abgebaut. Glukose (C_6-Körper) wird also in zwei C_3-Körper umgewandelt.

Bilanz: $C_6H_{12}O_6 + 2\ ADP + 2\ NAD^+ + 2\ P \rightarrow 2\ C_3H_4O_3 + 2\ ATP + 2\ (NADH + H^+)$

Der nächste Schritt der Energiegewinnung erfolgt durch die oxidative Decarboxylierung in der Matrix der Mitochondrien. Er beschreibt die Aktivierung des Pyruvats aus der Glykolyse. Durch Anlagerung des Coenzyms A wird CO_2 frei und $NADH + H^+$ gebildet, während das Endprodukt der Reaktion Acetyl-CoA (aktivierte Essigsäure) in den darauf folgenden Citratzyklus wandert.

Bilanz: $2\ C_3H_4O_3 + 2\ NADH^+ + CoA\text{-}SH \rightarrow 2\ C_2H_3O\text{-}SCoA + 2\ CO_2 + 2\ (NADH + H^+)$

Beim Citratzyklus reagiert an gleicher Stelle die aktivierte Essigsäure mit Oxalessigsäure zu Citronensäure. Dabei wird das Coenzym A abgespalten, wenn zwei H_2O Moleküle hinzugefügt werden. Der Zyklus beginnt immer wieder von neuem, weil der C_6-Körper der Citronensäure durch mehrere Schritte zum C_4-Körper der Oxalessigsäure umgeformt wird. Diese reagiert anschließend erneut. Neben der Bildung des ATPs werden drei NADH + H^+- sowie ein $FADH_2$ Molekül erzeugt.

Bilanz: 2 C_2H_3O-SCoA + 2 ADP + 2 P + 6 NAD^+ + 2 FAD + 6 H_2O

→   4 CO_2 + 2 ATP + 6 (NADH + H^+) + 2 $FADH_2$ + 2 CoA-SH

Im letzen Schritt findet schließlich die Endoxidation an der inneren Mitochondrienmembran statt. Erst hier wird der Hauptanteil an ATP gebildet (wie man auch in der unteren Bilanz erkennt), indem die erzeugten Transport-Moleküle (wie NADH+H^+) die Elektronen und Wasserstoffteilchen abgeben. Über eine Transportkette aus Enzymkomplexen werden die H^+-Teilchen in den Intermembranraum transportiert. In der Mitochondrienmatrix reagieren die Elektronen mit den H^+ Ionen und O_2 zu H_2O. Da jedoch ein Konzentrationsgefälle aufgebaut wurde, wandern diese Protonen wieder in die Matrix. Bei der Durchschleusung der H^+-Teilchen durch die Membran mithilfe der ATP-Synthase (einem Enzym) wird ATP aus ADP und einer Phosphatgruppe synthetisiert.

Bilanz: 10 (NADH + H^+) + 2 $FADH_2$ + 34 ADP + 34 P + 6 O_2 → 34 ATP + 10 NAD^+ + 2 FAD + 12 H_2O

Wird die Zellatmung also komplett durchlaufen, entstehen pro Glukosemolekül 38 Moleküle ATP als Energieträger. Anhand des Faktes, dass die meisten ATP-Moleküle erst im letzten Schritt erzeugt werden, muss die Zellatmung zu effektiver Nutzung also komplett durchlaufen werden. Allerdings wird während eines Belastungstests gleichzeitig viel ATP gebraucht. Aufgrund der langen Dauer der Zellatmung gibt es Wege, wie das Verwenden von Teilchen aus den einzelnen Zwischenschritten, zur Gärung. Vor allem geschieht dies mit dem Endprodukt der Glykolyse, dem Pyruvat bei der Milchsäuregärung. Dabei reagiert das Pyruvat zu Milchsäure und 2 bis 3 mol ATP werden erzeugt. Bei ausreichendem Sauerstoffangebot wird Milchsäure wieder zu Pyruvat rückgebildet, sodass erneut ATP erzeugt und somit gewonnen werden kann.

3.2.5 Erklärung des Leistungsabfalls

Der Traubenzucker gelangt schnell ins Blut, weil er aufgrund der zuvor beschriebenen Monosaccharidform nicht mehr abgebaut bzw. zerkleinert werden muss. Traubenzucker entspricht also dem Blutzucker, wodurch dieser schnell ansteigt. Als Reaktion auf diesen Anstieg wird von den sogenannten β-Zellen Insulin ins Blut ausgeschüttet, das den Blutzuckerspiegel rasch absenkt. Meistens sinkt er dabei tiefer als zuvor ab, woraus der Leistungsabfall resultiert. Die Hauptwirkung des Insulins, also die rasche Senkung der Blutzuckerkonzentration, ist seine „Schlüsselfunktion", die es für den Transport von Glukose aus dem Blutplasma und aus der Gewebsflüssigkeit in das Zellinnere hat. Dabei nehmen vor allem die Leber- und Muskelzellen in kürzester Zeit die größten Mengen an Glukose auf. Diese Regelung ist ein ganz normaler biologischer Homöostase-Prozess, also die Herstellung eines inneren Gleichgewichtszustandes.

3.3 Bezug zum Test

Nun haben wir die theoretischen Ergebnisse mit unseren eingangs formulierten Vermutungen verglichen. Der Test scheint ziemlich repräsentativ zu sein, weil die Theorie gut auf die Messwerte übertragen werden kann.

So erfolgt der beste Wert tatsächlich direkt nach Einnahme des Zuckers, also gibt es wirklich den versprochenen „schnellen Leistungsschub". Anschließend fällt die Leistung rasch ab, was zuvor auch als typischer Effekt von Traubenzucker beschrieben wurde. Normalerweise fällt die Leistungskurve erst nach ca. 15 bis 20 Minuten, aber in unserem Test waren die eingenommenen Mengen (zwei 100g Tafeln) scheinbar so portioniert, dass der Leistungsabfall schon früher zu beobachten war. (Wahrscheinlich zu viel Traubenzucker -> hohe Konzentration -> schnelle intensive Insulinausschüttung; oder zu wenig -> zu niedrige Konzentration -> schnelle aber weniger intensive Insulinausschüttung, was jedoch weniger wahrscheinlich ist, weil der Effekt doch deutlich zu messen war). Daran anknüpfend steigt die Leistung theoretisch wieder, wie im Leistungsdiagramm auch gut zu erkennen ist. Dies liegt also an der zuvor beschriebenen Insulinausschüttung bei erhöhtem Blutzuckerspiegel.

4. Fazit zum Ergebnis und zum Projekt

Traubenzucker scheint also sehr hilfreich zu sein, allerdings nur direkt nach der Einnahme. Zum längerfristigen Energiebedarf, z.b. bei einem lange andauernden Wettkampf ist es ratsam, besser Mehrfachzucker wie z.b. Getreideprodukte (also Kartoffeln, Brot, Nudeln etc.) zu sich zunehmen. Diese wirken zwar nicht sofort, aber wenn die Wirkung eintritt, dann auch über einen längeren Zeitraum und keinesfalls leistungshemmend. Da die Leistungsbereitschaft vor allem nach der zu erbringenden Leistung (bei ausreichend großer Anstrengung) unter den ursprünglichen Stand abfällt, ist es außerdem ratsam, Traubenzucker am Ende eines Wettkampfes zu sich zu nehmen.

Alles in allem können wir also mit dem Ergebnis unseres Projekts zufrieden sein. Wir haben es geschafft, mit unseren Recherchen die anfangs gestellten Fragen zu beantworten und mit unseren Testreihen die Antworten aus der Literatur zu beweisen. Obwohl nur 6 Personen jeweils im Alter von ca. 13 Jahren an unserer Testreihe teilgenommen haben, scheint das Ergebnis der Lauftests durchaus repräsentativ zu sein. Außerdem denken wir, dass wir in der Projektplanung sehr überlegt und geordnet vorgegangen sind, sodass viele Probleme vermieden werden konnten und die entstandenen Probleme schnell zu lösen waren.

An dieser Stelle wollen wir uns auch noch einmal bei jenen bedanken, die etwas zu diesem Projekt beigetragen haben, insbesondere der Getränkegruppe, der Klasse 7F, Frau E., Herrn F. und Herrn S.

Es war nicht nur ein aufschlussreiches Projekt, sondern auch noch eine Arbeit, die uns allen viel Spaß gemacht hat.

"Keine Stunde im Leben, die man im Sport verbringt, ist verloren."
(Winston Spencer Churchill (1874-1965))

Anlage: Brief an Frau E.

Sehr geehrte Frau E

wie sie bereits erfahren haben, haben wir vor im Seminarfach "Sport und Gesundheit" bei Herrn F   einen wissenschaftlichen Versuch zum Thema: "Wie wirken sich Energiegetränke/Traubenzucker (Dextro Energie) auf die sportliche konditionelle Leistung aus?" durchzuführen. Wir hatten Sie ja schon vor den Ferien angefragt, ob sich in ihrer 7.Klasse vielleicht ein paar Testpersonen (ca. 6-8) finden würden.

Wir haben nun einen Elternbrief entworfen, der die Ehrziehungsberechtigten genau informiert und diese dann zustimmen bzw. ablehnen können, ob ihre Kinder an unserem Projekt teilnehmen dürfen (siehe Anhang). Zur Überprüfung der konditionellen Veränderung durch die Energiegetränke/ den Traubenzucker haben wir vor, den Shuttlerun (Pieptest) zu nutzen.

Dabei wird es wöchentlich vers. Durchläufe geben:
- Am ersten Termin (am 11.11.) ohne Einnahme der Testmaterialien
- Am 18.11. Einnahme unmittelbar vor dem Test
- Am 25.11. Einnahme 10min. vor dem Test
  (Wir würden das mit der entsprechenden Lehrkraft absprechen, die die Klasse in dieser Zeit unterrichtet, dass es den Schülern erlaubt ist, die Testmaterialien einzunehmen.)
- Am 02.12. Einnahme 20min. vor dem Test
- Am 09.12. können wir leider keinen Test durchführen, da wir im 12. Jahrgang über 6 Stunden eine VorABI-Klausur schreiben werden.
- und am 16.12. noch einmal ohne Einnahme

Wir haben vor, den Test bereits in der 2. großen Pause zu starten, damit nicht so viel Unterrichtszeit verloren geht. Herr F. meinte, dass er in der 4. Stunde in der Halle ist, sodass er alles mit uns vorbereiten kann. Wir würden uns dann um 11:35 Uhr mit den Freiwilligen umgezogen in der Halle treffen und wenn alles klappt dann hoffentlich spätestens um 11:40 Uhr mit dem Test beginnen. Wie lange es dann dauert, hängt ja von den Leistungen der Testpersonen ab. Die 7.Klässler werden ja sicherlich nicht länger als 10min. brauchen, aber da ja auch wir und mögliche andere Freiwillige mitmachen werden (also zusätzlich zu den 7. Klässlern noch ca. 6 weitere) müssten wir sicherlich schon 15 min. für den Test + Abbau einplanen.

Wir hoffen, das geht so in Ordnung. Bei Fragen und Anmerkungen gerne antworten! :) Es wäre schön, wenn sie uns einen kleinen Teil zum Anfang ihrer Sportstunde zur Verfügung stellen würden. Am nächsten Freitag (04.11.) können wir gegen Anfang der 5. Stunde gerne einmal vorbeikommen und den Schülern das Projekt kurz vorstellen. Dann können wir auch die Elternbriefe verteilen, die die Freiwilligen dann am 11.11. unterschrieben mit zum Test bringen sollen.

Vielen Dank im Voraus,

Christian Masur   Julian Vehlies

Karina Stricks   Tim Holler

Patricia Karling   Johanna Hey

Anlage: Elternbrief

Sehr geehrte Eltern der Klasse 7,

wir, Schüler des 12. Jahrgangs, führen derzeit im Rahmen unseres Seminarfachs Biologie-Sport unter der Leitung von Herrn F. eine Testreihe zum Thema Ernährung und Leistung durch. Hierbei wollen wir speziell die Wirkung von Traubenzucker und Sport-/Energygetränken auf die sportliche Ausdauerleistung untersuchen.

Dazu suchen wir freiwillige Testpersonen. Da der Sportunterricht der Klasse ihres Kindes zeitgleich mit unserem Seminarfachs liegt, würden wir uns freuen, wenn Ihr Kind uns unterstützen würde.

Eine Teilnahme würde bedeuten, dass ihr Kind **5x** einen **Ausdauertest** absolviert. Dieser würde **jeweils Freitag in der zweiten großen Pause** vor dem Sportunterricht ihres Kindes stattfinden und kann als eine Art Aufwärmtraining aufgefasst werden. Genaue Termine: siehe Seite 2.

Am ersten Test-Tag (dem 11.11.) wird ihr Kind den Ausdauertest ohne Einnahme von Traubenzucker oder Energygetränken absolvieren. In den folgenden Wochen sollen die Testpersonen dann zu vorgegebenen Zeiten vor dem Test Traubenzucker oder eine kleine Menge einer (als Sportgetränk geführten) Flüssigkeit zu sich nehmen. Sie können gemeinsam mit ihrem Kind entscheiden, welche Art der Materialien ihr Kind einnehmen darf. Die Materialien werden von uns besorgt, es entstehen für sie keine Kosten. (Besteht hinsichtlich der Testmaterialien bedenken, kann ihr Kind, wenn es Lust hat, natürlich auch so teilnehmen, da uns dies als Kontrolle dienen würde.)

Aus dem Vergleich der Leistungsbilder hoffen wir verwertbare Ergebnisse zu erhalten.

Der Ablauf des Ausdauertests:

Die sportliche Leistung wird mittels eines Shuttleruns (Pieptest) gemessen. Die Testpersonen müssen bei diesem wiederholt eine Strecke von 20 Metern zurücklegen. Die zur Verfügung stehende Zeit für eine Strecke wird mittels Tönen ("Piepen") verdeutlicht. Mit zunehmender Dauer verringert sich der zeitliche Abstand zwischen den lauten Pieptönen (die Intensität wird also nach und nach gesteigert), sodass die Testperson ab einem bestimmten Zeitpunkt die Vorgaben nicht mehr erfüllen kann und damit der Test beendet ist. Letztendlich wird die Leistung also durch die geschaffte Durchhaltezeit gemessen. Der Test wird bei 7.Klässlern erfahrungsgemäß nicht länger als 10min. dauern.

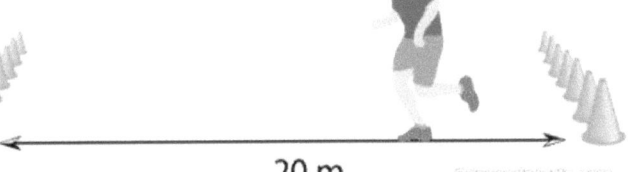

20 m

<u>Zeitraum des Projekts:</u>

Wir haben vor, den Test **jeweils freitags in der 2. großen Pause** zu starten, damit nicht so viel Unterrichtszeit von der danach folgenden Sportstunde verloren geht. Wir würden uns dann um **11:35 Uhr mit den Freiwilligen umgezogen in der Halle treffen und wenn alles klappt dann hoffentlich spätestens um 11:40 Uhr mit dem Test beginnen.** Wenn sich ihr Kind für die freiwillige Teilnahme an dem Projekt entscheidet, bitten wir sie, darauf zu achten, dass ihr Kind die folgenden Zeiten für die Testreihen auch wahrnimmt, mit Außnahme natürlich bei Krankheitsfällen.

- Der erste Termin ist der 11.11. ohne Einnahme der Testmaterialien
- Am 18.11. Einnahme unmittelbar vor dem Test
- Am 25.11. Einnahme 10min. vor dem Test
- Am 02.12. Einnahme 20min. vor dem Test
- Am 09.12. können wir leider keinen Test durchführen, da wir im 12. Jahrgang über 6 Stunden eine VorABI-Klausur schreiben werden.
- und am 16.12. noch einmal ohne Einnahme

Wir werden mit der entsprechenden Lehrkraft absprechen, die die Klasse in der Zeit vor dem Test unterrichtet, dass es den Schülern erlaubt ist, die Testmaterialien einzunehmen. Wir bitten sie auch darauf zu achten, dass ihr Kind **am Morgen vor dem Test nicht Traubenzucker und keine Energie- oder Sportgetränke zu sich nimmt**, da dies das Test-Ergebnis möglicherweise verfälschen würde. Ideal wäre es natürlich, wenn ihr Kind jeden angegebenen Freitag dieselben Mahlzeiten zu sich nehmen würde, aber das ist natürlich nicht zwingend erforderlich.

Wir bitten um Ihre Unterstützung. Bitte füllen sie die angefügte Einverständniserklärung aus und geben sie ihrem Kind den Abschnitt zum ersten Testtag am 11.11. wieder mit. Sollten wir verwendbare Ergebnisse erhalten, werden wir diese natürlich auch Ihnen zukommen lassen. Vielen Dank im Voraus ☺

Schüler(innen) des 12. Jahrgangs	R. F. (Seminarfachleiter)	A. E. (Sportlehrerin der Klasse)

Einverständniserklärung der Eltern

Hiermit bin ich, Erziehungsberechtigter des Kindes _____, mit der Teilnahme an der zuvor beschriebenen Testreihe einverstanden. Ich habe keine Bedenken, dass mein Kind die Testsubstanzen aus

- ○ Gruppe 1 ("Dextro Energy" Traubenzucker)

- ○ Gruppe 2 (Sportgetränke und Energygetränke)

- ○ keine der beiden Substanzen

zu sich nimmt (zutreffendes bitte ankreuzen) und an dem Pieptest teilnimmt.

_____ (Datum, Unterschrift der Eltern)

Anlage: Fragebogen

FRAGEBOGEN zum Energyprojekt

Name:_____

Geburtstag:_____

Wie oft trainierst du in der Woche, bzw. viele Stunden Sport machst du in der
Woche?_____
_____

Welche Sportart(en) machst du? Und wielange
schon?_____
_____
_____
_____

Würdest du sagen, dass du fit bist und eine gute Ausdauer
hast? _____
_____
_____

Hast du Krankheiten, die dich beim Sport beeinträchtigen (z.B. Asthma) ?
_____
_____

Kannst du gut sprinten?   Ja O   Nein O   Weiß nicht O

Dann kann's ja "loslaufen" ... :-)

Anlage: Eindrücke der Testphase

Vor dem Start

Zu einem späterem Zeitpunkt, bei dem bereits einige Testpersonen ausgeschieden sind, da hier ein hohes Tempo zum Zurücklegen der Strecke gefordert wird.

Unsere fleißigen Läufer.. :-)

Anlage: Veranschaulichung des Pieptests

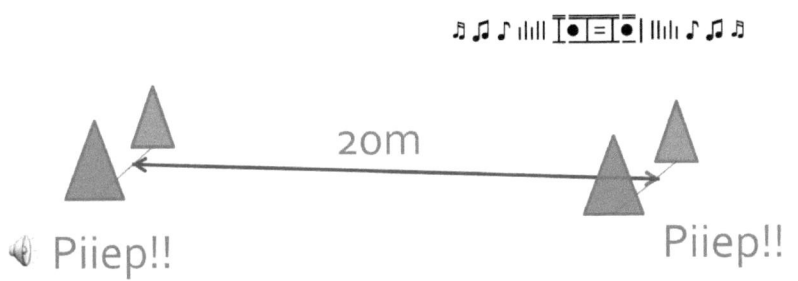

Anlage: Testergebnisse aller Gruppen (Diagramm)

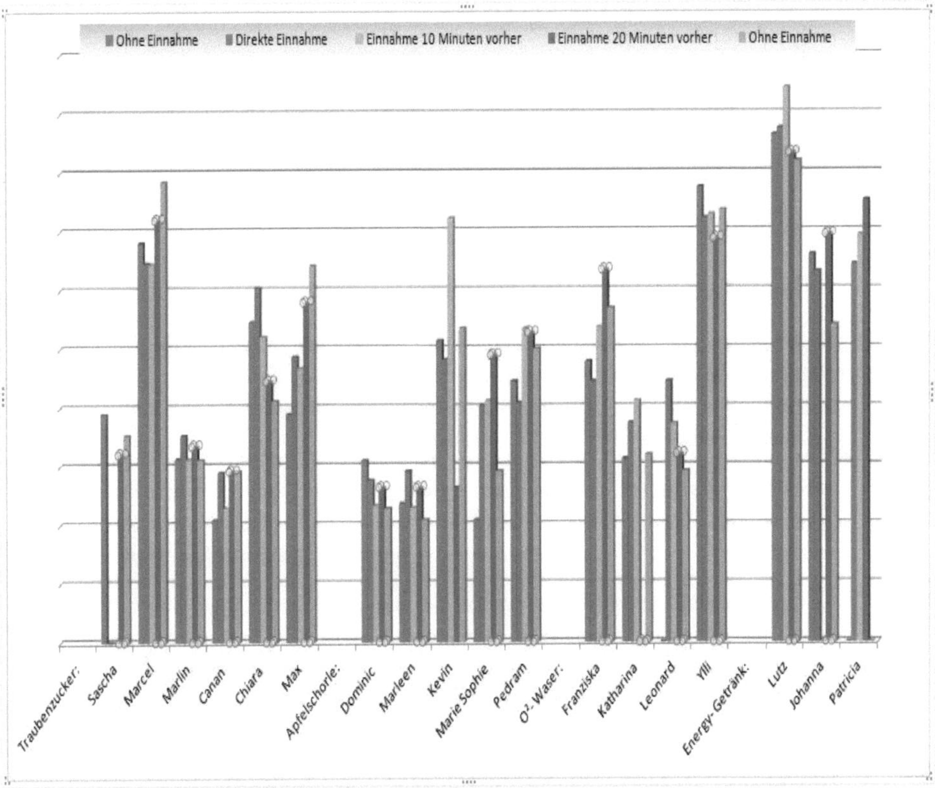

Anlage: Testergebnisse - Traubenzucker (Tabelle)

	Ohne Einnahme	Direkte Einnahme	Einnahme 10 Minuten vorher	Einnahme 20 Minuten vorher	Ohne Einnahme
Traubenzucker:					
Sa_____	4:40			3:51	4:14
Ma	8:10	7:45	7:44	8:38	9:25
Mai˜	3:45	4:14	3:45	4:01	3:44
Ca	2:30	3:28	2:45	3:30	3:30
Ch	6:33	7:15	6:15	5:20	4:56
Ma	4:40	5:50	5:36	6:57	7:42
Durchschnitt:	5:03	5:42	5:13	5:22	5:35
Apfelschorle:					
Do	03:43	03:19	02:48	03:10	02:44
Ma	02:50	03:30	02:45	03:10	02:30
Ke	06:10	05:46	08:40	03:10	06:25
Mai	02:30	04:50	04:56	05:52	03:30
Pe	05:20	04:53	06:25	06:20	06:00
Durchschnitt:	4:06	4:27	5:06	4:20	4:13
O²- Waser:					
Fr:	05:44	05:20	06:27	07:37	06:50
Ka_____	03:45	04:29	04:56		03:50
Le		05:20	04:28	03:51	03:30
Yj	09:18	08:40	08:45	08:15	08:50
Durchschnitt:	6:15	5:57	6:09	6:34	5:45
Energy- Getränk:					
Lu	10:22	10:30	11:20	10:00	09:50
Jo	07:55	07:34		08:20	06:29
Pa		07:43	08:19	09:02	
Durchschnitt:	9:08	8:35	9:49	9:07	8:09
Gesamt:	6:08	6:10	6:34	6:21	5:55

Anlage: Erläuterung der Tabelle

Die Tabelle zeigt für die Traubenzuckergruppe die errechnete Durchschnittsdurchhaltezeit in blauer Farbe. Die roten Zahlen zeigen die Verschlechterung im Vergleich zu dem ersten Testwert (ohne Einnahme). Die grün markierten Ergebnisse deuten auf eine Verbesserung hin, ebenfalls im Bezug auf das erste Testergebnis.

Ist kein Wert angegeben, dann hat dieser Freiwillige an dem Tag nicht an der Testphase teilgenommen. Die letzte Zeile der Tabelle gibt den Gesamtdurchschnittswert an. An dem Säulendiagramm sind Verschlechterungen oder Verbesserungen visuell zu erkennen.

Die Leistungen der Durchhaltezeiten gehen hier stark auseinander. Dies ist aber für unsere Auswertung irrelevant, da wir nicht an der Aussagekraft der Pieptests selbst interessiert sind, sondern an der Veränderung der einzelnen Tests. Deswegen haben wir den Shuttlerun auch mit jüngeren Testpersonen durchgeführt, als die Anleitung des Tests empfiehlt.

Die Ergebnisse der anderen Gruppen sind für diese Ausarbeitung nicht relevant, daher grau markiert.

Urkunde

Max Mustermann

hat erfolgreich an der Testreihe zum Thema "Ernährung und Leistung - Die Auswirkung von Traubenzucker und Sportgetränken auf die sportliche Ausdauerleistung" teilgenommen.

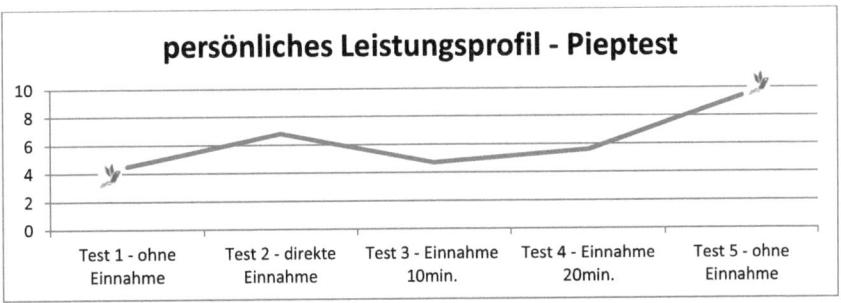

persönliches Leistungsprofil - Pieptest

Gruppe 1 - Dextro Energy   Längste Durchhaltezeit: 10:34 min.

Wir bedanken uns sehr für dein freiwilliges Engagement. Du hast uns toll unterstützt, Kompliment! Viel Glück und behalte weiterhin Spaß am Sport!

Projektleiter: Johanna Hey, Christian Masur, Patricia Karling, Julian Velies, Karina Stricks, Tim Holler

Anlage: Bilder der Urkundenvergabe

Anlage: Schlusserklärungen

<u>Versicherung der selbständigen Erarbeitung und Anfertigung der Hausarbeit</u>

Hiermit versichern wir, dass wir die Arbeit selbstständig angefertigt, keine anderen als die angegebenen Hilfsmittel benutzt und die Stellen der Facharbeit, die im genauen Wortlaut oder im wesentlichen Inhalt aus anderen Werken entnommen wurden, mit genauer Quellenangabe kenntlich gemacht haben.

Hannover, den

Anlage: Quellenangaben

- Buch: "Biologie Oberstufe", Cornelsen-Verlag, Gesamtband,
  2. neubearbeitete Auflage, herausgegeben von Prof. Ulrich Weber
- Dissertation: "Die Wirkung von Kohlenhydratgaben während des Trainings auf die Entwicklung der Ausdauer-, Sprint- und Regenerationsfähigkeit" von Miria Maassen (2010)
- TTVN Trainerordner (von Julian)

- URL 1:   http://de.wikipedia.org/wiki/Aerobe_Atmung
- URL 2:   http://www.dextro-energy.de/
- URL 3:   http://www.onmeda.de/lexika/naehrstoffe/kohlenhydrate/index-einteilung-der-kohlenhydrate-3803-2.html
- URL 4:   http://de.wikipedia.org/wiki/Insulin
- URL 5:   http://de.wikipedia.org/wiki/Traubenzucker
- URL 6:   http://de.wikipedia.org/wiki/Kohlenhydrate
- URL 7:   http://www.klassenarbeiten.de/oberstufe/leistungskurs/chemie/kohlenhydrate/kohlenhydrate.htm